U0193612

著 ▸ [马来西亚] 文煌

绘 ▸ [马来西亚] 氧气工作室

X探险特工队 科学漫画书

寄生侵略

微生物

海峡出版发行集团 | 福建科学技术出版社

THE STRAITS PUBLISHING & DISTRIBUTING GROUP | FUJIAN SCIENCE & TECHNOLOGY PUBLISHING HOUSE

序

世界之大，无奇不有。我们生存的地球依然有许多未解之谜，更何况是神秘莫测、犹如大迷宫的宇宙呢？虽然现今日新月异的科学技术已发展到很高的程度，人类不断运用科学技术解开了许许多多谜团，但是还有很多谜团难以得到圆满解答，比如宇宙，以现今的技术只能窥探出其中的一小部分。

从古至今，科学家们不断奋斗，解开了各种奥秘，同时也发现了更多新的问题，又开启了新的挑战。正如达尔文所说：“我们认识越多自然界的固有规律，奇妙的自然界对我们而言就越显得不可思议。”人类的探索永无止境，这也推动着科学的发展。

“X探险特工队科学漫画书”系列在各个漫画章节中穿插了丰富的科普知识，并以浅显易懂的文字和图片为小读者解说。精彩的对决就此展开，人类能否战胜外星生物呢？

人物介绍

X-VENTURE TERRAN DEFENDERS

艾美丽
聪明、爱美的电脑高手，平时很严厉，私下却很关心同伴。
小S
博士发明的小机器人，有扫描、分析、记录、摄影、通信、开启保护罩等功能的超级微型电脑。
达文西博士
国家科学研究院教授。学识渊博，喜爱冒险，但生性懒散。
戴安娜
研究室基地行政人员，教授的得力助手，是一位成熟、美丽、大方的女人。

阿未巫师
威拉村德高望重的巫师，拥有让任何伤口和疾病瞬间痊愈的能力。
茜拉
阿未巫师的孙女，对爷爷的灵力相当怀疑。

目录

＊本故事纯属虚构

第1章
外星人的鬼魂？

呃……
呃……

嘶——
嘶——
大伙儿，
这些就是你们
的养分！
再过
不久……
你们就
可以成为地
球人了！

达文西
博士！

快点从厕所
里出来！
嘭！
嘭！
嘭！
今天你
一定要解释
清楚！

你说我的
家人是为了
探索外星文明
而去宇宙
旅行了！
那为什么
异星调查局
的艾玛局长会
说我爸失踪
了呢？

我没骗你，
你爸爸真的去
宇宙了啊！
那你为
什么要躲
起来？

因为他是
一个自私的
博士！

遇到问题只会
选择逃避，霸占
厕所，我从未见
过脸皮这么厚
的老人！
……

艾美丽，谢谢你
帮我说话……
不客气，
我这么说只是
为了让博士快
点出来。

因为我想
上厕所啊！

呼啊！

在车上忍了这么久，终于解脱了！
第一次觉得当男生真方便啊！

可恶，博士还是不肯出来。
博士真有毅力。

不管了，
我这次真的要把
厕所门拆了！
别闹了，
我们还是先专注
地做任务吧！

星调查局
ERRAN DEFENDER
这次的任务是
调查威拉村……
看不见的……
外星人？
委托人茜拉
说……村民都
被外星人的……
鬼魂附体了。

这个真的不
是精神分裂者
的委托吗？
其实
我们快到了。

从这里走
两千米，经过
一个山洞就可
以到达……

威拉村！

被外星人的
鬼魂附体了吗?
这里看起来
很和平啊!
难道我们被
耍了?
嗖!
嘭!
唰沙
唰沙
解脱啦!

感觉好像重生了！
你跟来干吗？

来借厕所啊！难道要像你们一样在路边解决吗？
我们是来执行任务的，难道还要送你回去？

不必，我可以跟你们一起执行任务。
别小看我，我可不是一般的女生！

你会做什么？
比如说……

在你做傻事之前揍你一顿，阻止你！

好主意，小宇
就拜托艾美丽
“照顾”了。
OK！
你说什么
傻话？小尚！

咦，你们
是外地人吗？
啊，是的。

那你们一定是
来找阿末巫师
的吧！
巫师？

是啊，他可是我们
附近几个村里最强
大的巫师呢！

巫师？
有些村落和部落确实还有这种职业。

巫师最早是以巫医的形式出现的。他们使用药草和咒语替人治病，有的还会通灵、占卜、祈福等。
虽然现今我们已处于科技发达的社会，但在某些偏远的地方，这个职业依然存在。

等等，我为什么要解释这些？我们还要找人啊！
不，这个信息非常有用。

请问那个巫师有办法治好这个女生的"狂躁症"吗?
?

其实村里的人以前是不相信巫师的。

直到三个月前，他替村子消灭了作恶多端的恶鬼，还得到了灵力。
真的有鬼?

那个……我
只想问，这个村子
里，有没有一个叫
“茜拉”的人？

茜拉？
那不是巫师的
孙女吗？
是啊！

孙女？

原来你们是
茜拉介绍来的，
我带你们去找
巫师吧！

这简直是恶意推销啊！
就是这里！

这么多人都是来找巫师看病的吗？

你看，他就是阿末巫师，旁边的是茜拉。

什么是微生物？

微生物是指肉眼看不见或看不清楚，需要借助显微镜才能看到的微小生物，比如细菌、真菌、病毒等。微生物的构造简单，体积小，繁殖速度快，适应力强，分布很广，容易产生变异。大多数微生物为单细胞生物，少数为多细胞或没有细胞结构的生物。

真核微生物

具有细胞核的单细胞或多细胞微生物，包括原生生物界、动物界、植物界、真菌界和其他具有由膜包裹着的复杂亚细胞结构的生物。真核细胞内有高尔基体、线粒体、溶酶体等细胞器。

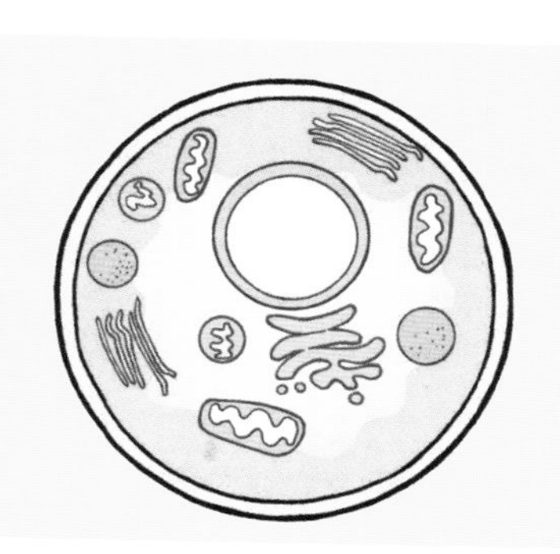

原核微生物

相对于真核微生物，原核微生物是指一些没有细胞核的细胞所组成的低等生物，包括古菌、细菌和螺旋体等。虽然一般的原核微生物没有细胞核膜，但有遗传物质，如脱氧核糖核酸（DNA）和核糖核酸（RNA）。

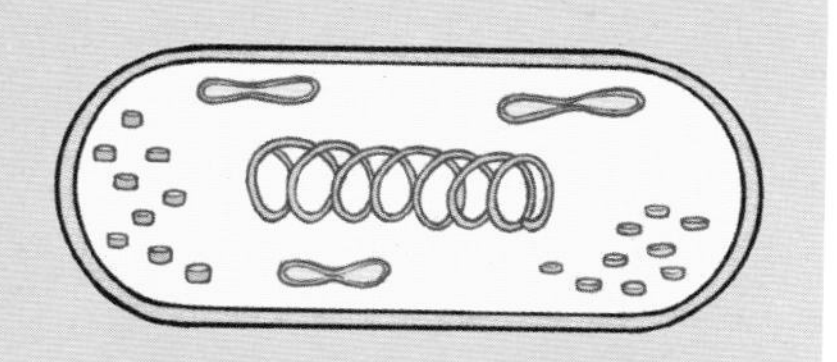

非细胞生物

非细胞生物指的是没有细胞结构，且体积很小的微生物，例如病毒和亚病毒。而其主要成分是核酸和蛋白质，由于它们没有细胞，因此只能寄生在活细胞内生长增殖。

人类微生物群系

人类微生物群系指的是微生物（如细菌、古菌、病毒等）和宿主在进化的过程中形成的共生关系。这些微生物寄生的部位包括皮肤、肠道、耳朵、鼻咽腔等。

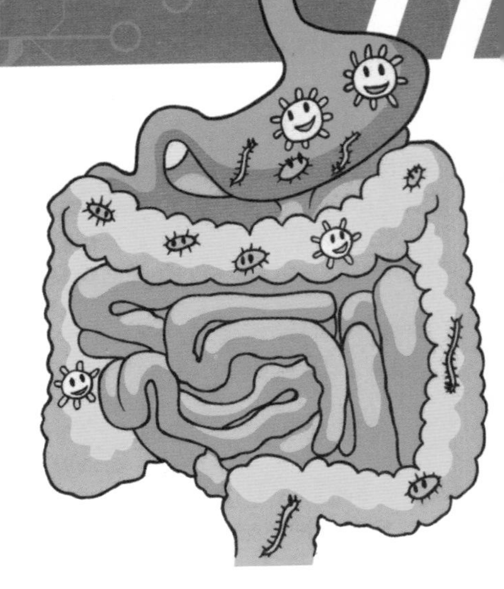

虽然有些微生物跟许多疾病有关，但也有一群微生物是人体的守护者，帮助消化食物、抵抗疾病、调节免疫力。比如寄生在肠道的双歧杆菌、优杆菌和消化球菌等，只要它们的数量恒定，就有合成维生素、蛋白质等营养物质的作用，宿主的身体就能保持健康。

微生物的发现者

安东尼·范·列文虎克出生于荷兰，有着“光学显微镜之父”和“微生物学之父”的称号。他是第一个观察细菌和原生动物的人。此外，他一生共制作了500多个光学镜片，英国皇家学会发现他遗留下来的镜片具有高达300倍的放大率。

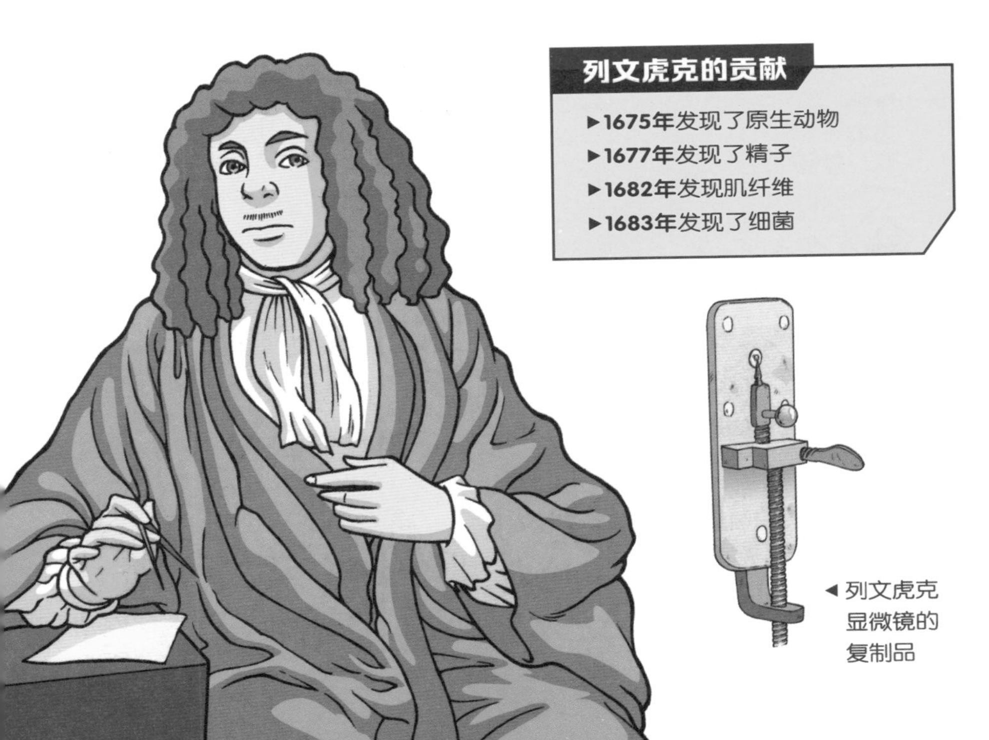

列文虎克的贡献

- ▶**1675年**发现了原生动物
- ▶**1677年**发现了精子
- ▶**1682年**发现肌纤维
- ▶**1683年**发现了细菌

◀ 列文虎克显微镜的复制品

第2章
世界上真的有灵力？

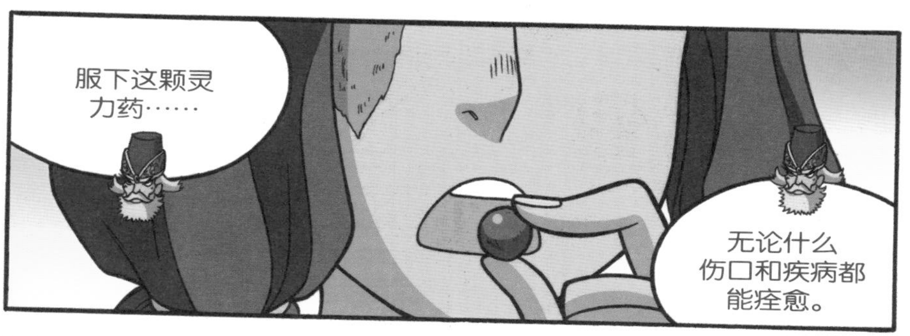

!!

嘶

!

女儿，你
脸上的伤疤
不见了！
真的吗？
嘿嘿，
灵力药是无所
不能的。

厉害啊！

这个巫师
真的会使用
灵力啊！
不可
能的……

!
请问灵力药可不可以根除脸上的青春痘？

艾美丽，你干什么？快点回来！
你们得排队啊！
我不想以后为了脸上的青春痘烦恼嘛！

当然可以，不管你的身体出现什么情况，我的灵力药都能解决。

那么，我想要一颗可以让我长高的药！

住手！
这些不知道成分的东西，不要随便跟别人要！

哦？看来你不太相信我的灵力药。

我不知道你在搞什么把戏！
但世界上根本就没有什么所谓的灵力。

哼！城里人就是这样，以为懂了一些科学知识就自以为是。
你们执着于科学不也是一种迷信吗？

世界上有许多
无法解释的现象，
只因为无法证明
就不去相信，
太武断了。

没有解释不了
的现象，就算有，
也只是我们还没有
找出它的原理
罢了。

那你怎
么解释我的
灵力药?

即使是世界上最先进的医疗技术，也无法让伤口瞬间愈合。

除非我使用了灵力！
注入了我的灵力，就算是残废也能马上医好！

普天之下没有任何药物有这样的效果！
……

啪
嚓！

你干
什么?!
我想试试看
他有没有刀枪不
入的神功。
爷爷！

这些家
伙是来捣
乱的！
竟敢
打尊贵的
巫师！
快逃啊！

总算
有收获。

你这个麻烦制造者，我来执行我的任务了！
等等……我偷到……那些药了！

药？

博士……

你打算躲多久？你到底怎么了？
嘭！
嘭！
我是有苦衷的，请你们相信我。

如果小宇还是坚持逼问我的话，我就不出来。
那你不要吃饭吗？

要！请打包一份烧鸡饭给我，谢谢。
还要我打包给你吃，休想！

没关系，
我已经带了粮
食，足够我吃
一个星期了。
嘭！

小宇他们
出去执行任务
了，是吗？
是……
是啊！

希望他们
一切顺利吧！

什么？
只是普通的
药丸？
小S，你
有没有扫描
清楚啊？

是真的，里面
只有一些草药
的成分。

怎么会这样？
这些灵力药明明
就很诡异。

沙！
沙！
你还敢说！
刚才你不是很想
尝一下吗？
可是我后来
想想，确实觉得
不对劲啊！

我觉得巫师
让伤口瞬间愈
合和“看不见的
外星人”那个
委托……
这两者
之间好像有什
么关联。

懂得思考
的小宇真的
让人觉得毛
骨悚然。
我也这么
认为。
你们什
么意思啊？

小尚、小宇，
你们出来
看看……

我发现
不得了的
东西啦！

!

这是……
宇宙飞船？
刚才我发现这里的草丛有点奇怪，结果拨开来就看到这个。

看来我们没有来错地方。

沙
沙

刚才那些
小鬼的身份很
可疑……
敢回来
的话，就别想
活着出去。

小小的细菌

细菌是单细胞生物，是所有生物中数量最多的一类。一般的细菌个体非常小，需要用显微镜才能看到它们，而目前最大的细菌直径约为0.75毫米，能直接用肉眼看到。细菌多数分布在水中和土壤里，也有一些细菌分布在其他生物身上。即使没有宿主，有些细菌也能生存。细菌是以二分裂的方式进行繁殖的，一个细菌细胞分裂成两个子细胞。

细菌的形状

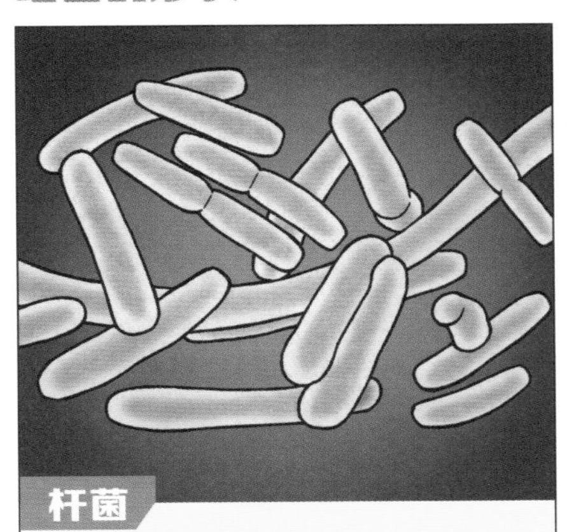

杆菌

呈杆状的细菌。
例子：大肠杆菌和枯草芽孢杆菌等。

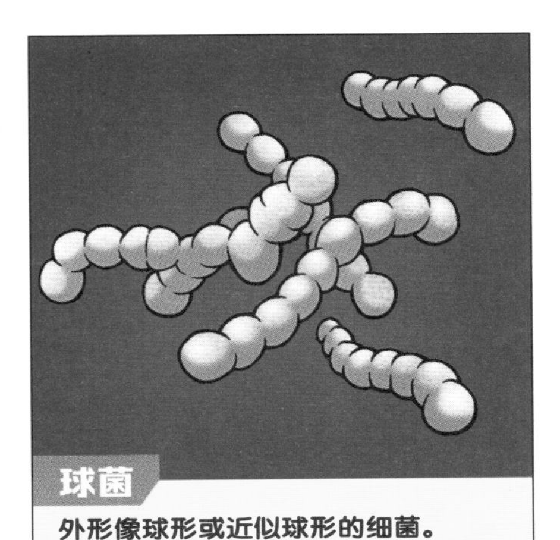

球菌

外形像球形或近似球形的细菌。
例子：金黄色葡萄球菌和肺炎双球菌等。

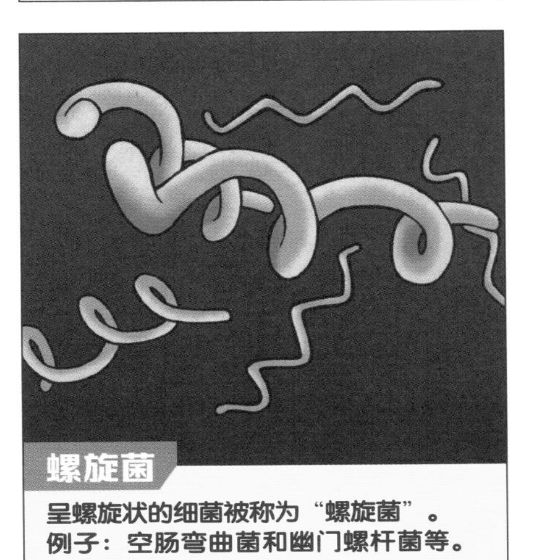

螺旋菌

呈螺旋状的细菌被称为“螺旋菌”。
例子：空肠弯曲菌和幽门螺杆菌等。

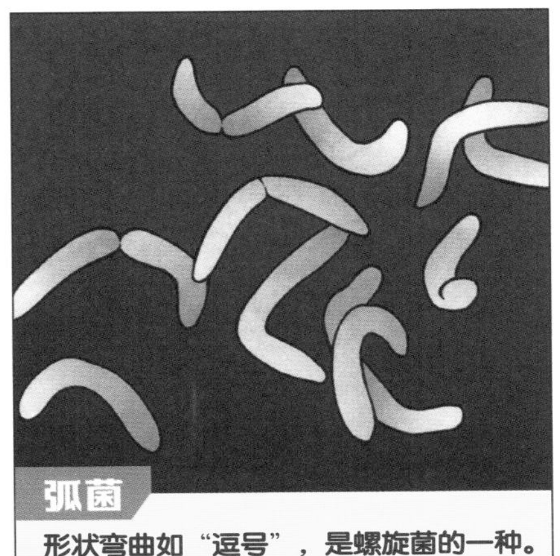

弧菌

形状弯曲如“逗号”，是螺旋菌的一种。
例子：霍乱弧菌和创伤弧菌等。

细菌致死事件

鲍曼不动杆菌

鲍曼不动杆菌的生命力强，即使用抗生素治疗也无效，因此被称为“超级细菌”。2000年，在日本某所医院里，多名病人感染了鲍曼不动杆菌，而后新入院的病人也疑似感染此类细菌，截至2010年9月份共造成27人死亡。鲍曼不动杆菌可以通过接触传染，人在免疫力低下时才会被感染，继而引起肺炎或败血症等。

碳青霉烯耐药肠杆菌

碳青霉烯耐药肠杆菌也是一种“超级细菌”，致死率高达50%。曾经在多个国家的医院出现过患者感染碳青霉烯耐药肠杆菌的事件，这种细菌可以通过医疗器械或医护人员的双手传染给患者。

身体的好友——益生菌

虽然有许多细菌会对人体造成威胁，但也有对身体有益的细菌，其中包括：

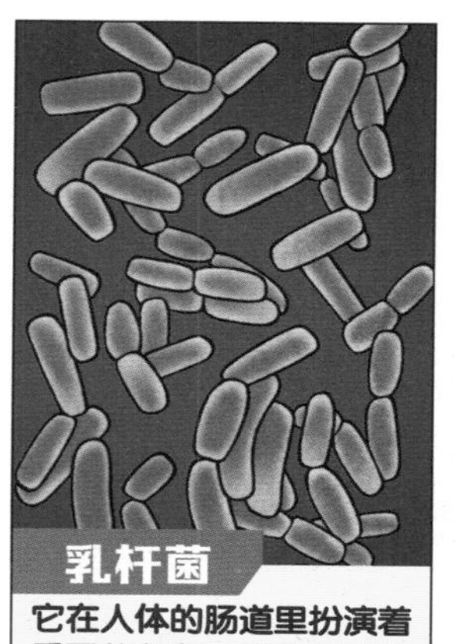

乳杆菌

它在人体的肠道里扮演着重要的角色，能阻止病菌入侵，促进消化，还具有免疫调节的功能。

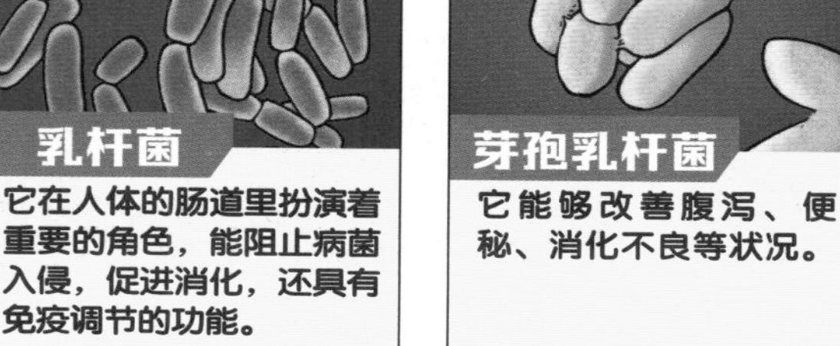

芽孢乳杆菌

它能够改善腹泻、便秘、消化不良等状况。

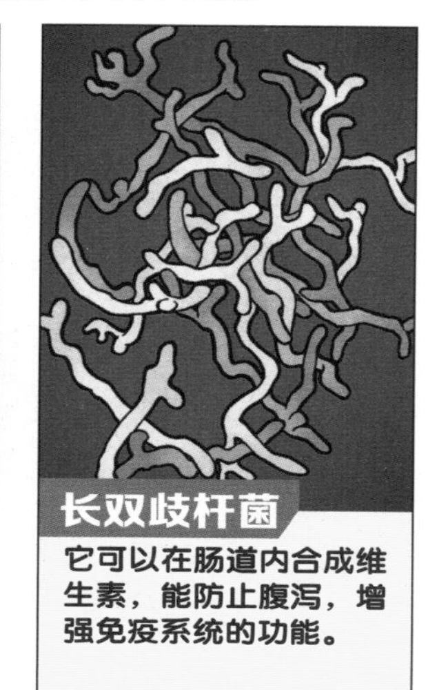

长双歧杆菌

它可以在肠道内合成维生素，能防止腹泻，增强免疫系统的功能。

第3章
水之操控者？

我们怎么
又回来了？感觉
这里很阴森。
这个村子
肯定有外星人
来过。我们现
在必须先找出
关键人物！

想不到你的脑袋
终于进化了。
是啊，但你
怕虫的个性还是
没有变化。

出发！

笨蛋！干吗搜索村子？现在最可疑的是巫师和他的孙女！
不是那个大婶吗？

不过，小尚，你有没有发觉这里有些不对劲？
废话！

这些木屋
里一个人也
没有。
现在
已经凌晨两
点多了。

嘘嘘！

你看那边。

早上
遇到的那个
大婶。
这么晚了，
她在干吗？

“小宇坦克”，
前进！
要跟
踪她吗？

!

他们这是
怎么了？

这么晚了，
怎么还聚集在
这里？

那些粉色的烟雾又是怎么回事？

他们好像正在把烟雾吸入体内。

我们必须调查清楚！可是得先等他们离开才行。
放心，我已经派了……

啪嚓！
咦？

沙！
沙！

小宇！

！
嗖！

哇啊！
是什么东西
在拖着我
们啊？
啪沙！
啪沙！

救命！
啪沙！

是水，
水在攻击
我们！

啪沙！

保护罩！
啪沙！

可恶！
一定是
有人在操控
这些水！

疾风炮！
砰！
砰！
砰！

切断你！
嗞！！
啪沙！

可恶的家伙，别躲躲藏藏了！

给我现身！
嗖！

咔嚓！
咔嚓！

连人都看不到要怎么打啊？
难道对方是隐形人？

天哪，我们好像正在玩水的傻子！
要是博士看到我们现在的样子，一定会取笑我们的。

只能一直开着保护罩了。
嗞
嗞
可是，这么一来，我们就没有办法反击了。

太奇怪了，灵力药……宇宙飞船……
再加上这些村民怪异的举动和看不见的敌人……

!!
嗖!

咈!
?!

是谁?
快跟我来!

!!

巫师的孙女！

什么是病毒？

病毒是结构简单（没有细胞结构）、个体微小（20—300纳米）的微生物。病毒的保护性外壳是由蛋白质组成的，里面包裹着一段病毒基因组核酸，它们可以利用宿主的细胞系统来进行自我复制。病毒无法在没有宿主的情况下生长或复制。人类的许多疾病如水痘、埃博拉出血热、艾滋病、禽流感、新型冠状病毒肺炎和严重急性呼吸综合征等都是由病毒引起的。

病毒的形状

螺旋形

衣壳由壳粒围绕中心轴堆叠起来，使其看起来像管状。螺旋衣壳的长度与其核酸的长度有关。烟草花叶病毒就是其中一个例子。

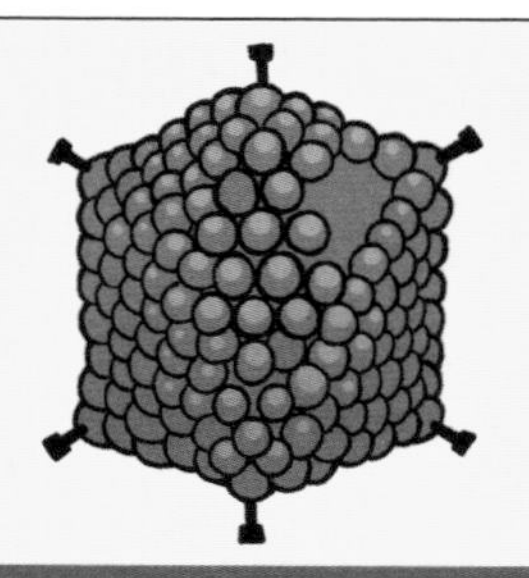

正二十面体形

许多动物病毒的形状为正二十面体形或有正二十面体对称性的近球形，例如脊髓灰质炎病毒、轮状病毒和腺病毒。

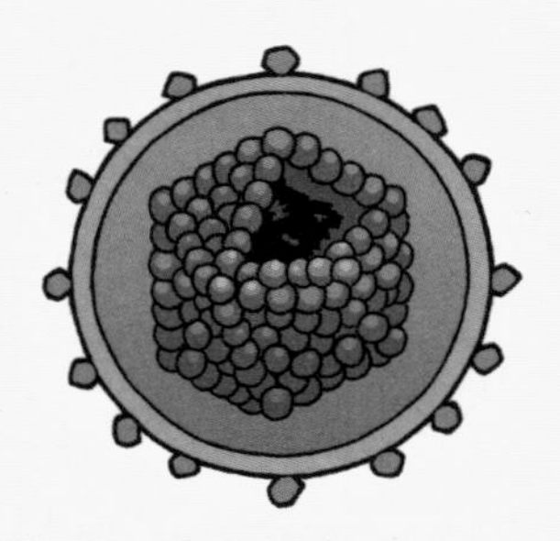

包膜型

一些病毒使用改造后宿主的细胞膜，形成一层包膜，用于躲避宿主免疫系统的监视。当病毒进入细胞后，病毒包膜和宿主的细胞膜将会融合在一起，进而感染宿主细胞。例如流感病毒和人类免疫缺陷病毒就是包膜型病毒。

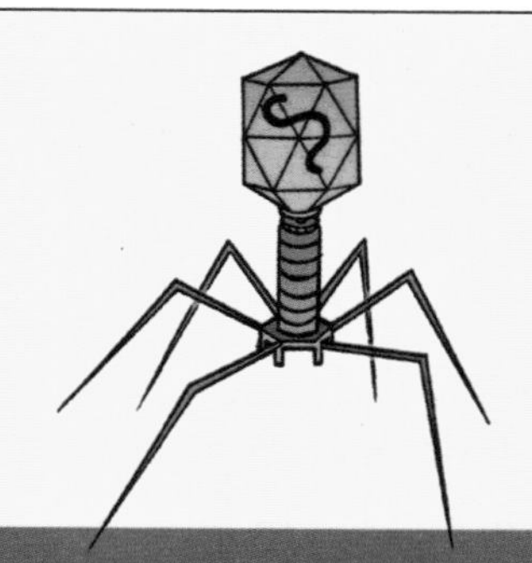

复合型

这些病毒的结构比较复杂，衣壳既不是螺旋形，也不是正二十面体形，甚至会有其他结构，如蛋白质尾巴或复杂的外壁。例如，肠杆菌噬菌体T4是由呈螺旋形的尾部和呈正二十面体形的头部所组成的，而最尾端还附着一些尾鞘、尾丝等。

可怕的致命病毒

我们知道病毒会引起常见的疾病，如普通感冒。不过病毒也能造成致命的疾病，并且难以治疗。

马尔堡病毒

科学家在1967年发现了马尔堡病毒，事发于德国的实验室，当时的工作人员接触到受病毒感染的猴子而致病。马尔堡病毒使感染者发热和出血，严重的话会导致休克，器官衰竭而死亡。

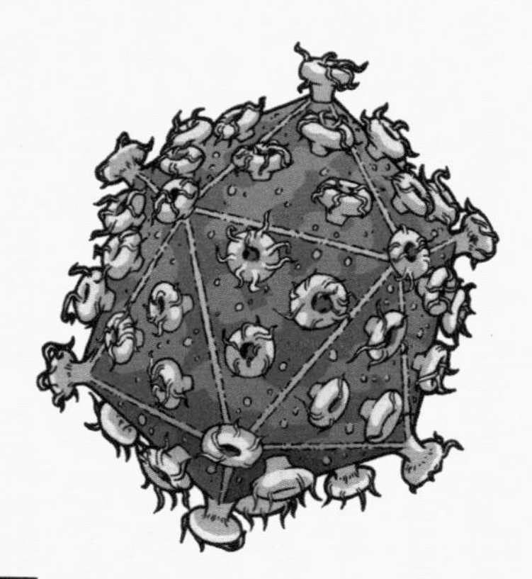

人类免疫缺陷病毒

人类免疫缺陷病毒是一种能破坏对抗疾病的免疫系统的病毒，使感染者很容易受到其他病毒的侵害。如果不幸感染了人类免疫缺陷病毒，最终会导致艾滋病。

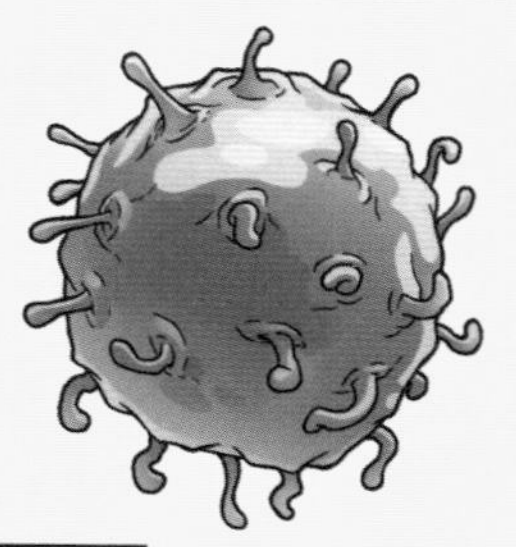

甲型流感病毒H5N1亚型

H5N1病毒首次出现于20世纪90年代，能够通过活禽传染给人类。其症状与普通的流行性感冒相似。人类感染H5N1病毒后，若不尽早医治，可能会导致肺部大量出血而死亡。

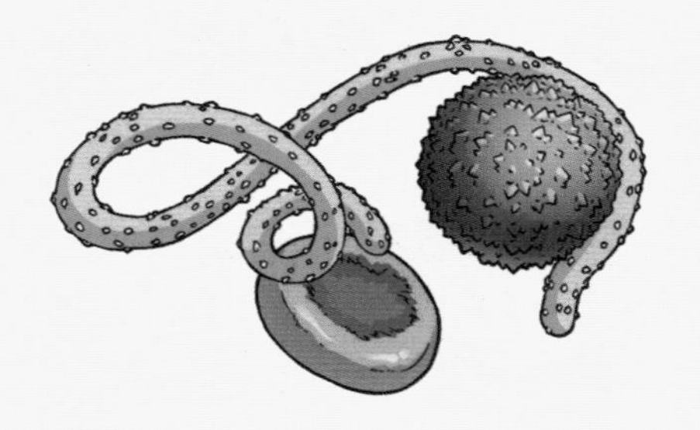

埃博拉病毒

首个埃博拉出血热病例出现在1976年。埃博拉病毒是通过血液或其他体液进行传播的。感染者会出现发热、头疼、腹泻等症状。当病情恶化后，则会出现体内、体外出血的现象，死亡率最高可达90%。

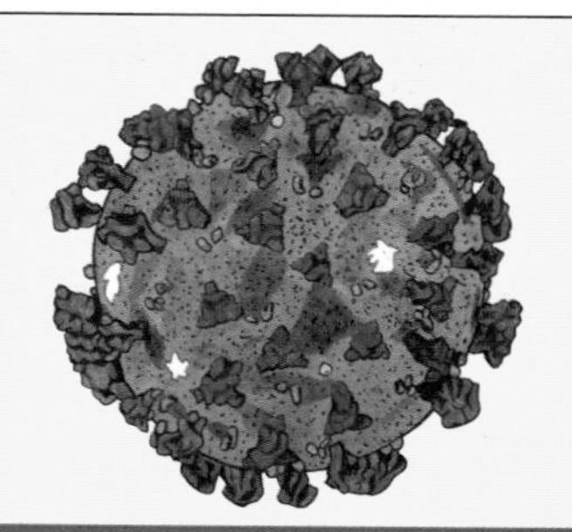

新型冠状病毒

新型冠状病毒是冠状病毒的一种新毒株，它可以通过呼吸道飞沫、接触、气溶胶等方式传播。感染者会出现发热、咳嗽和呼吸困难等症状，严重的话可能导致肺炎、肾衰竭，甚至死亡。新型冠状病毒具有高传染性和高隐蔽性，因此我们平时要佩戴口罩，勤洗手，做好防护。

编者注：埃博拉病毒图中右边的球体是巨噬细胞，后面的红色圆饼状物体是红细胞。

第4章
来龙去脉！

委托人茜拉！

你们难道
是……

不是你在异星调
查局的网站上
留言，委托我们
前来的吗？
在巫师的
祭祀屋里，我们
为了不打草惊蛇，
所以才……

咦?

我还以为
异星调查局是
骗人的……
?!

请你们救救
我的爷爷和
其他村民们!

咳咳……
那么……请
你把整件事情详
细地说一遍。

我爷爷
本来是这个
村子的巫医，平
时只是占卜、祈
福、制作一些草
药丸等。
虽然爷爷
常常自夸药丸拥
有灵力，可是村
民们对此还是
半信半疑。

直到三个月前，村子的上空出现了流星。
之后就经常有人听到森林里传出怪声或是目击到怪人的身影。

嚯——
嚯——
爷爷说，这有可能是恶鬼作祟……

便自告奋勇，想用自己的灵力去收服恶鬼。

虽然我是爷爷的孙女，但鬼怪这种事还是让我难以置信。

在那一天
后……
啊!!
恶鬼!

爷爷的名
声传遍了整
个村子。

威拉村
也发生了变化。

爷爷说，他成功消灭了恶鬼。

怪声也从此不再出现。

消灭恶鬼的地方就是刚才村民聚集的地点。

没错，隔天爷爷就吩咐工人把森林的入口封锁起来。
禁止进入
他说里面阴气很重，禁止村民进入。

在那一天后，怪事也开始发生了。
爷爷的药丸变得非常神奇。

甚至连村民残废的手臂都能马上医好。

我不敢相信这种事情，觉得太诡异了！
爷爷却说，那是因为他消灭了恶鬼，灵力已经大大提升。

那你为什么会说是外星人的鬼魂呢？

因为我知道某些东西已经入侵了村子，但我却无法看到它们是什么。

我会拜托你们前来，是因为有一晚我听到爷爷……

一个人在
祭祀屋里自言
自语……
……
这个星球
不错，不枉我在
宇宙里寻寻觅觅
了那么久。

啊！！！

鬼上身！
一定是外星鬼
上身啦！

请继续。
好的……

之后，一些怪事也开始发生在服用过灵力药的村民身上。
我懂了，就像刚才那些村民的行为。

是的，虽然他们白天过着正常的生活……
但一到凌晨两点，他们就会像梦游一样走到森林里头。

我跟踪过他们，结果发现了那些诡异的粉色烟雾。之后，我就不敢再走上前去了。
而且，村里还常常发生灵异现象，就像刚才那些会移动的水。

此外，有些村民突然失踪了，村里的人也不当一回事。
嗯……

嗯！嗯！
别再捣乱啦！

开门！
嗯！
嗯！
嘭！
嘭！

小S？
到底要
我敲多久的
门啊？

嗯呜！
嗯呜！
够了！
把胶带撕下
来说话！

哦？刚才被不
明生物攻击前，
你已经派了小S
去侦察？
是啊！

我觉得查出
那些粉色烟雾
应该会有所
帮助……
所以就
派小S去一
探究竟。

知道我的厉
害了吧？
知道了，
天才！

现在已经可以确定村子里确实有外星生物。
哔！
小S，把资料传给我。
好！
原来如此，资料显示那些粉色烟雾是一种叫“尸草花”的宇宙植物所散播的花粉。
某些宇宙昆虫或微生物会以这些花粉作为食物。

估计它们会
出现在这里，跟我
们在村外发现的
宇宙飞船有关。
然而，在异星
百科里，目前没
有这艘宇宙飞船
的资料。

难道那个外星
人喜欢种花？
不知道外
太空有没有
烤香菇？

问题是为什么
村民要去吸食那
些花粉？

这说明
他们的体内发生了
某些变化。
?

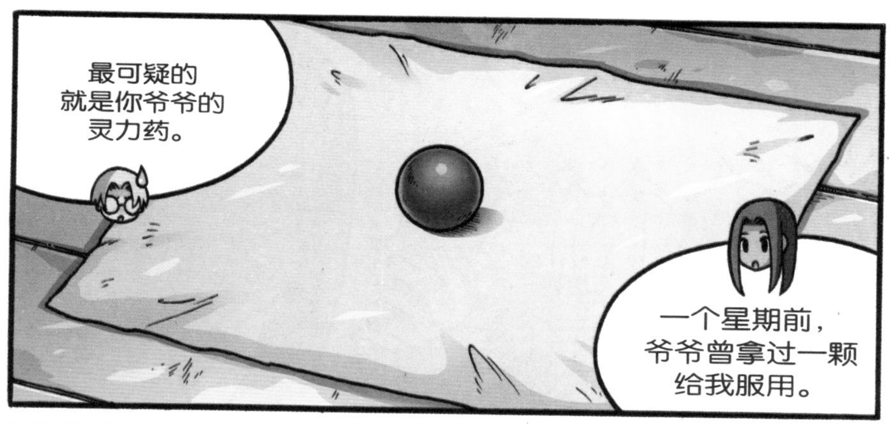
最可疑的
就是你爷爷的
灵力药。
一个星期前，
爷爷曾拿过一颗
给我服用。

那你为什么
没事？
因为我把
药丸丢掉了。

别忘了，
还有用水攻击我
们的家伙！
没错，我们
必须想办法揪出
幕后黑手。

说这么多
也没用，不如
用行动来查出
真相吧！
嗯，是时候
出击了！

谢谢你们！

想不到你们这么可靠，我把一切希望都寄托在你们身上了！

他怎么了?
小姐姐，你没事还是别靠近他比较好。

原生生物

在真核生物域中，既不适合归入动植物，也不适合归入真菌的生物被统称为“原生生物”。原生生物体积微小，需要用显微镜来观察。多数是由单个细胞组成的，能像一般动植物一样完成新陈代谢的过程。原生生物生存在有水的地方，分成藻类、原生动物类和原生菌类三种。

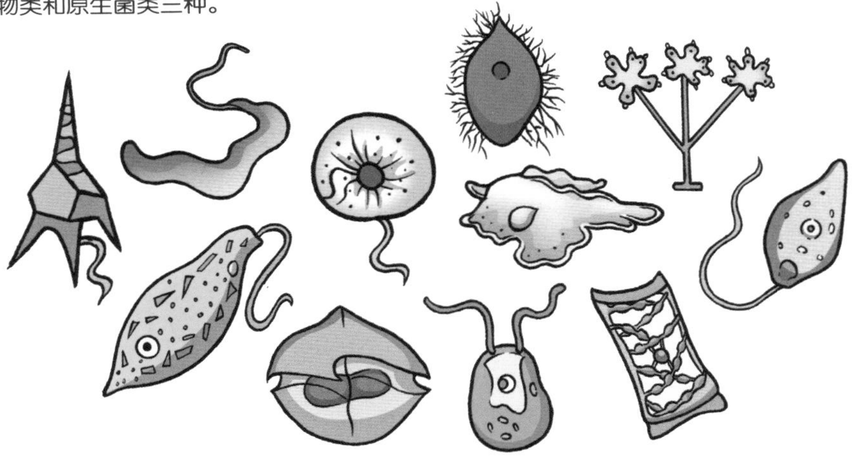

藻类

藻类含有叶绿素，能进行光合作用，是生态系统中的生产者和全球主要的供氧来源。藻类不会开花和结果。若过度繁殖会形成水华或赤潮现象，除了造成鱼虾缺氧死亡，更会污染水源，进而危害人类健康。

▲ 紫菜、海带、海白菜和裙带菜等可食用的海藻含有丰富的矿物质，能提供人体必需的营养素。海藻有清热的功效，在《本草纲目》等古代医书中有用海藻治病的记载，如今海藻也被制成多种保健食品和药物。

原生动物

原生动物没有细胞壁，会依靠伪足、鞭毛或纤毛来移动以进行生命活动。例如变形虫、眼虫、草履虫、夜光虫和有孔虫等，它们营自由生活或寄生生活。

变形虫也被称为“阿米巴虫”，普遍通过二分裂的方式进行无性繁殖，由一个成年细胞分裂成两个子细胞并重新成长，在某种意义上它是不会老化和死亡的“永生的虫”。

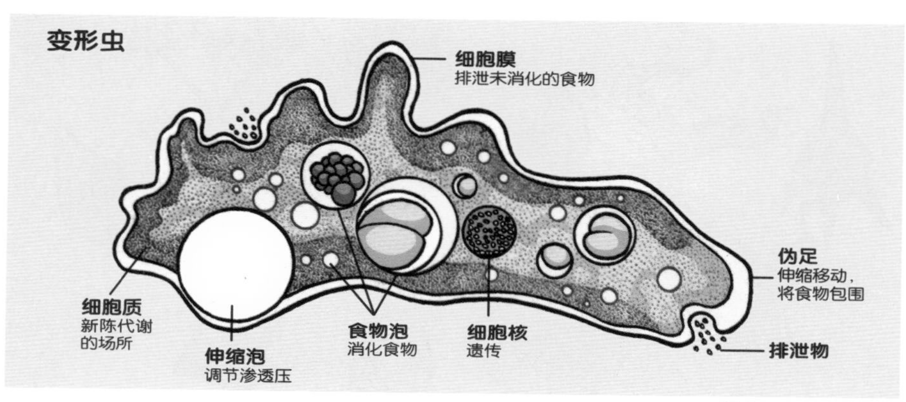

草履虫因外形像倒置的草鞋而得名，靠布满全身的纤毛划水来移动，速度很快，遇到障碍物时会灵敏地后退并改变方向。它主要以细菌和其他有机物为食，能够进行有性和无性繁殖。▶

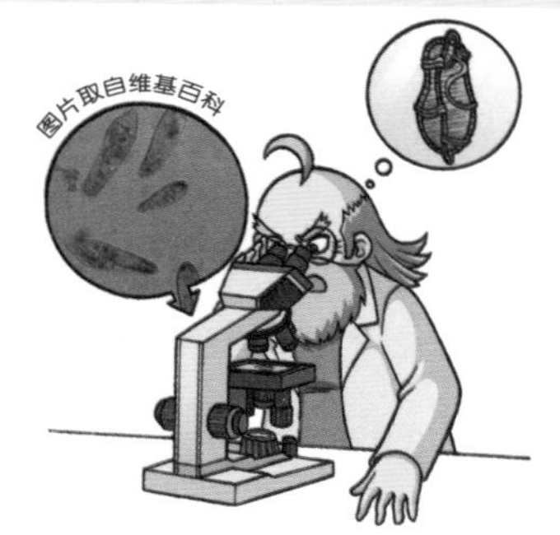

原生菌类

原生菌类的外形和真菌相似，曾被归类为真菌，但它们具有其他真菌所没有的特征，因此被归类在原生生物当中。大部分原生菌类以腐烂动植物为食，少数会引起动植物疾病，造成农渔业的经济损失。例如水霉、黏菌就是原生菌类。

水霉呈丝状，常在低温的水中大量繁殖，靠分泌酶来分解食物并吸收养分。这只鱼儿得了水霉病。▶

◀ 黏菌和变形虫一样用伪足运动和摄食，因此被称为“变形菌”。

第5章
调查开始！

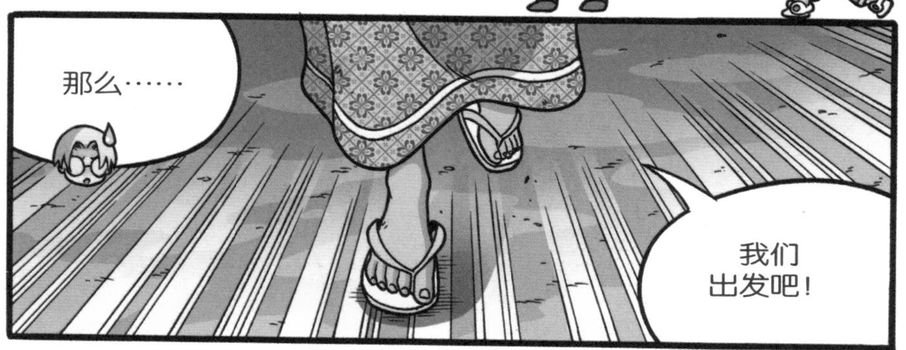

请务必
小心，因为幕
后黑手有可能
也在那里。

小宇，你回
到森林里，尽量
别到地面上。

避开有水的
地方。
我只有
一个疑问！

为什么只
有你们留在
屋里啊？
我们必须
以最快的速度查
找资料啊！

听着，茜拉说
巫师在两点后就
不知去向了。
如果你们
在任何地点找
到他，请务必
捉住他！

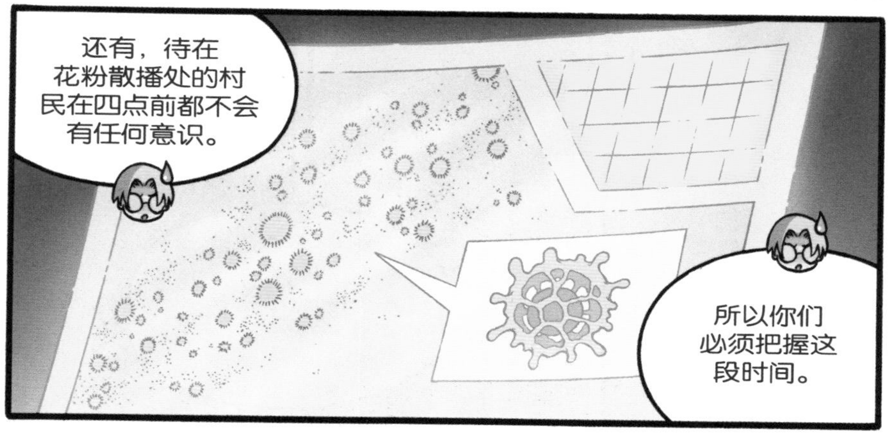
还有，待在
花粉散播处的村
民在四点前都不会
有任何意识。
所以你们
必须把握这
段时间。

收集所有
的相关资料。
真相就会
呼之欲出！

调查……
开始！

小宇，你负责搜查花粉散播处周围的地点，任何线索都不要放过。
了解！
石头，你负责调查祭祀屋的任何一个角落，查出灵力药的秘密！

经过分析，所有的药丸成分只是草药。
石头，别管那些药丸了，试一试调查其他东西。

小尚，有发现了！
传过来！

是我从未
见过的植物。

果然是尸
草花。
这种植物
必须以生物
尸体作为养料
来生长。

就像地球
上的偏侧蛇虫
草菌吗？

不，
尸草花不具
备操控生物
的能力。

石头，
你那里有什
么发现？
我发现一
口井有异常
……

而且井里
传出了阵阵
臭味！
井？

这口井
已经荒废很
久了。
进去查看
一下，可能会
有所收获。
小尚，这个植物
底下有一具外星
人的尸体。
快传过来
给我看看。

所以他是
幕后黑手？已经
死了？
不，尸草花
和这个外星人，
与村民被控制的
事无关。

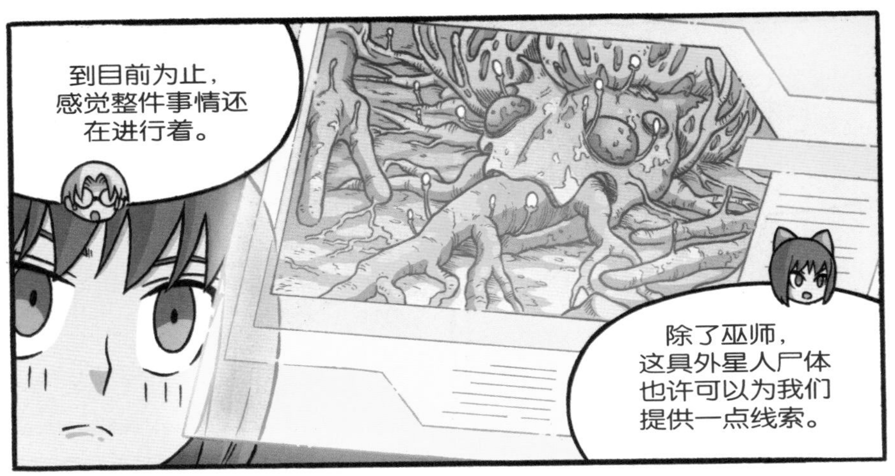
到目前为止，
感觉整件事情还
在进行着。
除了巫师，
这具外星人尸体
也许可以为我们
提供一点线索。

找到了，
是欧达星人！
这个种族的外星
人在二十年前曾
经来过地球。
FOUND
不过，
他们是以难民的
身份来的，因为
欧达星人被一种
微生物感染而
几乎灭亡了。

当时他们的
族群仅剩下十
人左右，而且
全部来到地
球避难。
什么？

二十年
前已经灭亡
了……
那么三个
月前开着宇宙
飞船来到地球
的又是谁呢？

等等，把微生物感染和村民的行为联系起来……我有个大胆的假设。

那具欧达星人尸体会不会是丧尸？

可是丧尸又怎么会开宇宙飞船来到地球呢？

除非那些微生物有智慧吧……

!
这是……

茜拉，你爷爷拿灵力药给你吃的时候，还准备了什么给你？
这……

爷爷拿灵力药给我吃的时候……

对了，是一碗水！

爷爷还特地准备了一碗水给我送药。

NO.043
液体微生物?
水灵 LV???
可以寄生在生物体内，并取代宿主的高智慧微生物。它们以尸草花为养分……
▶继续
尸草花
一种宇宙植物，水灵以其为养分，但它的种子对水灵来说却是毒药。

高智慧微生物?
感染欧达星人的就是它吗?

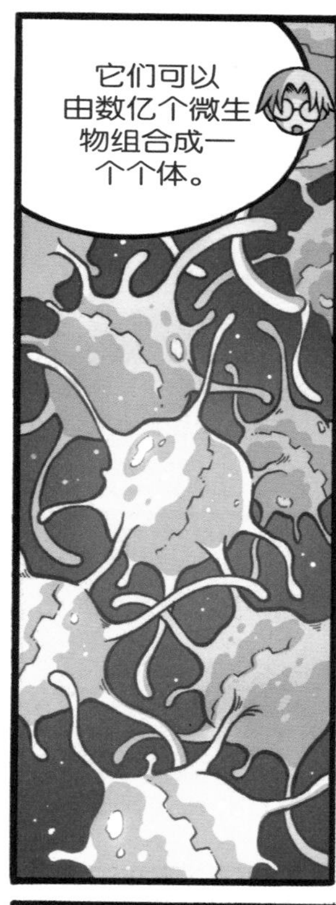
它们可以
由数亿个微生
物组合成一
个个体。

而且组合起来
的水灵会有共
同的意识。

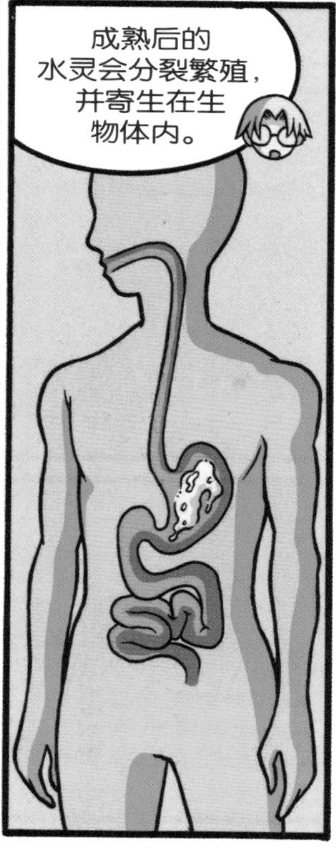
成熟后的
水灵会分裂繁殖，
并寄生在生
物体内。

刚刚进入体
内的水灵幼体
还处于未成熟
的状态。
所以必须
等待一个星期后
才能开始选择性
地操控宿主。

它们会继承
宿主的记忆
和知识。

这种微生物
为了让自己拥
有一副完整的
躯体……
会自动
修复宿主身
上的缺陷。

所以我们
一直以为有
某种生物在操
控“水”……

其实“水”
本身就是微
生物。

它们是一种
形态不定，到处
寻找宿主寄生的
恐怖微生物。
呃······
呃······

若遇到不合适的
宿主，它们就会
毫不留情地与宿
主同归于尽！

而且所有被感染的人都无药可救！

真菌

真菌是真核生物的一个类群，广泛存在于空气、水、土壤、各种生物体表或体内。真菌的种类非常多，预估有上百万个物种，目前仅发现12万多种。微生物中只有真菌拥有真正的细胞核和完整的细胞器。真菌无法进行光合作用制造养分，所以必须以腐生、寄生的方式来获取养分。

真菌的种类

酵母（单细胞真菌）

酵母是能够让糖类发酵的真菌，目前已知有1500多种酵母，它们被用于酿造酒精和烘焙面包。

蕈菌（大型子实体真菌）

我们常食用的蕈类，大多数是担子菌亚门的物种，如香菇、蘑菇、金针菇、灵芝、木耳、冬虫夏草等。

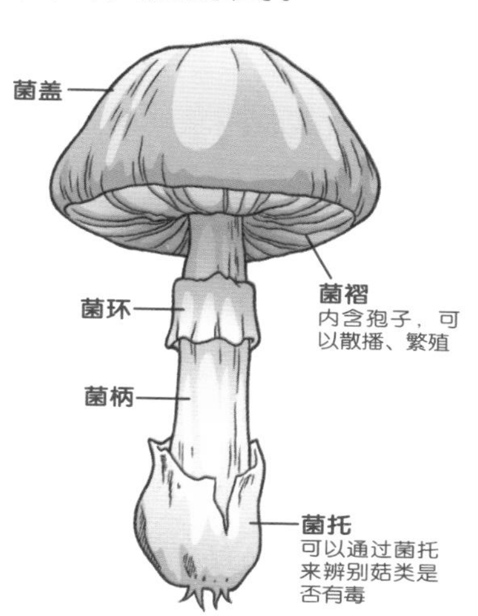

霉菌（丝状真菌）

食物发霉便是大量的霉菌在食物上生长的现象，霉菌会使食物变成有毒物质。

有的人会把水果发霉的部分切掉，吃没有发霉的部分，但这样做还是有可能造成食物中毒，所以不要食用发霉的食物！

1928年，英国生物学家亚历山大・弗莱明在实验室的培养皿中发现，青霉菌能够杀菌。之后，另外两位科学家提炼制作出了世界上第一种抗生素——青霉素，并于1941年在人类身上使用，从此人类在很大程度上避免了死于细菌感染，寿命得以延长。

真菌感染

一般指真菌对人类造成的感染。长期服用抗生素的人容易感染真菌，因为抗生素不只会杀死病菌，也会杀死有益的细菌，导致体内微生物失衡。化疗者、免疫力低下的人、老人、儿童都是高风险人群。

真菌感染依感染程度可以分为以下四种

▶**体表感染：**真菌只在皮肤表层或毛发表面，病情不严重，如花斑癣（俗称“汗斑”）。

▶**皮肤感染：**真菌会感染皮肤真皮、指甲和毛发基部，不易治疗，但不危害生命，通常称这种疾病为“癣”，如足癣（俗称“香港脚”）。

▶**皮下感染：**真菌通过皮肤的伤口进入皮下组织、肌肉等，造成伤口溃烂，如孢子丝菌病。

▶**系统性感染：**真菌会侵入血液、肺部等，甚至造成全身感染，并有致命的可能，如念珠菌症、隐球菌病。

如何预防被真菌感染？

▶在公共场所穿鞋子，不要赤脚行走。

▶养成良好的卫生习惯，经常洗手、洗脚、洗澡，衣服常换洗。

▶不要和别人共用梳子、指甲剪、鞋子、帽子、袜子、手帕等个人物品。

▶真菌会直接通过人与人的接触传播，所以避免和患有真菌感染的人或动物接触。

第6章 幕后黑手出场!

!
嗞!!

自投罗网
了吧!

什么?

我们是异星调查局派来的X探险特工队！
是专门处理外星人事件的地球机构。

你居然一点防备心都没有就走进来了。
未免太小看人类了吧！

既然水灵是一种会寄生在人体里的微生物……
估计巫师就是第一个被感染的对象！

你……你说什么？

世界上没有爷爷会把水灵这种东西当成开水，送到自己孙女的口中。

所以，别装了，现身吧！

嘿嘿，你说得对……

我可以继承一个人的性格、举止和说话方式……
在三个月前，阿未巫师就已经是个死人了。

之前在森林
里还没跟你们
打够呢！
！

嗖！
啪嚓！

！

啪抄！

啪嚓！

嗖！

啪嚓！

疾风炮！

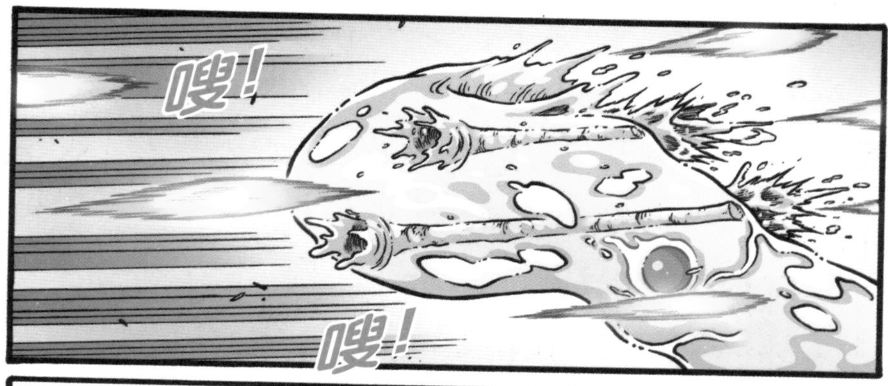
嗖！
嗖！

把巫师杀掉可能比较有用！
啪沙！
啪沙！
啪沙！

啪沙！

侵略地球对你们有什么好处？

因为地球离太阳比较近，我们的敌人就会避而远之。
！

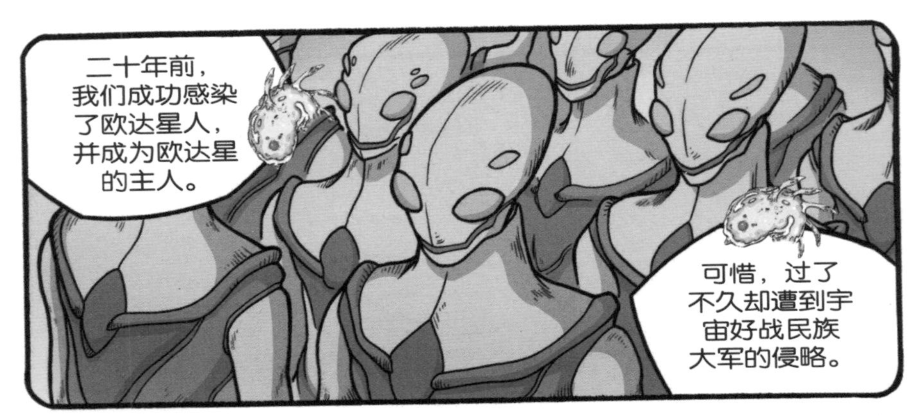
二十年前，
我们成功感染
了欧达星人，
并成为欧达星
的主人。
可惜，过了
不久却遭到宇
宙好战民族
大军的侵略。

有幸逃脱
出来的我在宇
宙中寻寻觅觅
了很久……
终于让我找
到了紫外线强烈
又适合居住的
星球。

我来到这里
后，第一个遇
到的人类就是
阿末巫师。
通过他，我
知道了不少
关于地球的知识，
了解了巫师是
什么。

他的职业对我族的繁殖有利。
所以他自然成为第一个被我感染的人类。

接着，我就可以寄生在他的体内。
顺理成章地成为巫师。

再利用这个职业把我的水灵幼体扩散出去。
然后你就可以神不知鬼不觉地取代人类！

没错！
啪嚓！

你们是自寻死路……
只有不知不觉地被我感染才没有那么痛苦。

你们的命运也会像欧达星人一样。
要么成为尸草花的养分，要么被我们取代，就像威拉村的村民一样。

那为什么村民还能正常生活？

水灵的幼体和成体不同，只能在夜晚时活动。

虽然白天不活跃，但还是可以影响他们的大脑。
让他们忘记因为排斥水灵的寄生而死去的村民！

?

呜——
呜——
怎么了？

咔嚓！

小尚，那口井里有……
石头，快逃！

逃得掉吗？
啪嚓！

你想
知道的我都
说了。
这是什么？

轰！
现在
你死亦瞑
目了吧！
咕噜
咕噜

今晚，
你们休想
离开！

地球……
将会成为水灵的领土！

艾美丽，
通知安娜姐
了吗？
已经通知了！

格纳库二号，
发射！
轰！！

寄生

寄生是指一种生物栖息在另一种生物的体表或体内，并从后者身上摄取养分以维持生命的现象。从中得利的是寄生物，受害者是宿主。大部分的寄生物都需要依赖宿主，无法独自生存。

寄生物对宿主做了什么？

夺取营养

寄生物在整个成长过程中所需的营养物质都来自宿主。当寄生物越来越多时，就会导致宿主营养不良，甚至威胁宿主的生命。

造成伤害

寄生物寄生在宿主的组织、器官附近，如脑部、眼部、肺部等，就会造成压迫和伤害。

产生毒性和抗原物质

寄生物的分泌物、排泄物和死亡后尸体的分解物，都具有毒性和抗原性，这会使宿主的健康受到很大的影响。如果宿主发生过敏性休克，就会导致死亡。

拟寄生

拟寄生是一种介于寄生和捕食之间的关系，寄生物在幼年时期寄生在宿主体内，最后导致宿主死亡，成体能自己生活。

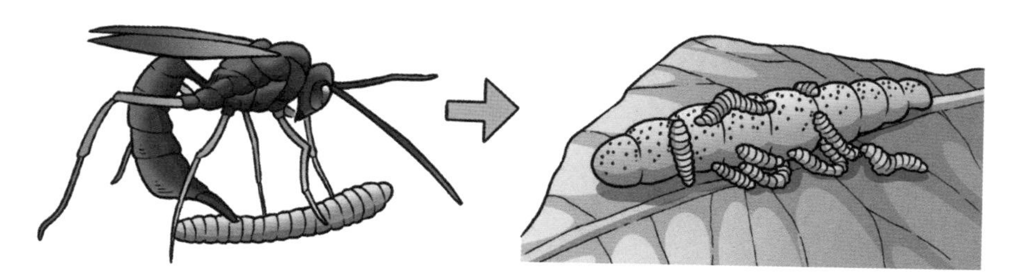

▲ 寄生蜂把卵产在毛毛虫身上，卵从毛毛虫体内获取营养，幼虫孵化出来后，继续吸取毛毛虫的营养直到幼虫成长为成虫，最后毛毛虫死亡。

寄生物与宿主的关系

有的寄生物在生活史的不同阶段会寄生在特定的几个宿主身上或体内，因此有中间宿主（仅暂时提供营养和保护，寄生物不会在其体内成长为成虫）和终宿主（为寄生物提供长期稳定的寄生环境，寄生物会在其体内成长为成虫）之分。根据寄生物与宿主的关系，可以把寄生物分为以下三类。

专性寄生物

寄生物在整个生活史或某个阶段的生活史中无法离开宿主独自生活。

兼性寄生物

寄生物即使没有宿主，也能独立完成它们的生活史。

偶然寄生物

寄生物因为偶然的机会进入非正常的宿主体内，开始在宿主体内寄生。

寄生物还有分永久性寄生和暂时性寄生，例如蛔虫到成虫期都寄生在宿主体内，蚊子只在吸血时暂时与宿主接触。

种间关系

种间关系是指各个物种之间形成的相互关系，分为中性作用（双方都没有得利或受到损害）、偏害共生、偏利共生、互利共生、竞争、捕食和寄生。

偏害共生

一种生物对另一种生物产生伤害、抑制作用，其本身没有得利或受到损害。例如，前面提到的青霉菌抑制其他细菌。

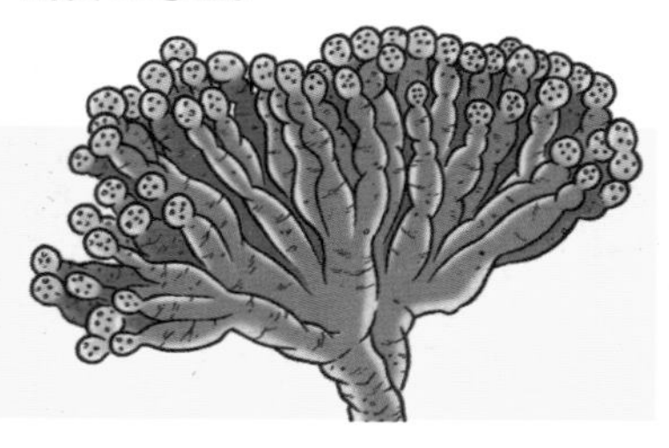

偏利共生

一种生物会从另一种生物身上获得生存上的利益，而后者既没有得利，也没有受害。例如鲫鱼会吸附在大型鱼类（鲨鱼、鲸鱼等）身上，以获取大鱼吃剩的食物或体外寄生虫。

互利共生

两种生物之间维持着双方都得利的关系，互相依赖，关系十分密切。例如，海葵和小丑鱼、非洲水牛和牛椋鸟等。

第7章
出动！疾速飞翼MK-2！

啪嚓！

嗖！
啪！

啪！
啪！

嗖！

嗖！
咔嚓！
咔嚓！
咔嚓！

咔嚓！
锵！
嗖！
连续
冰爆弹！

砰！
锵！
砰！
砰！
锵！
锵！

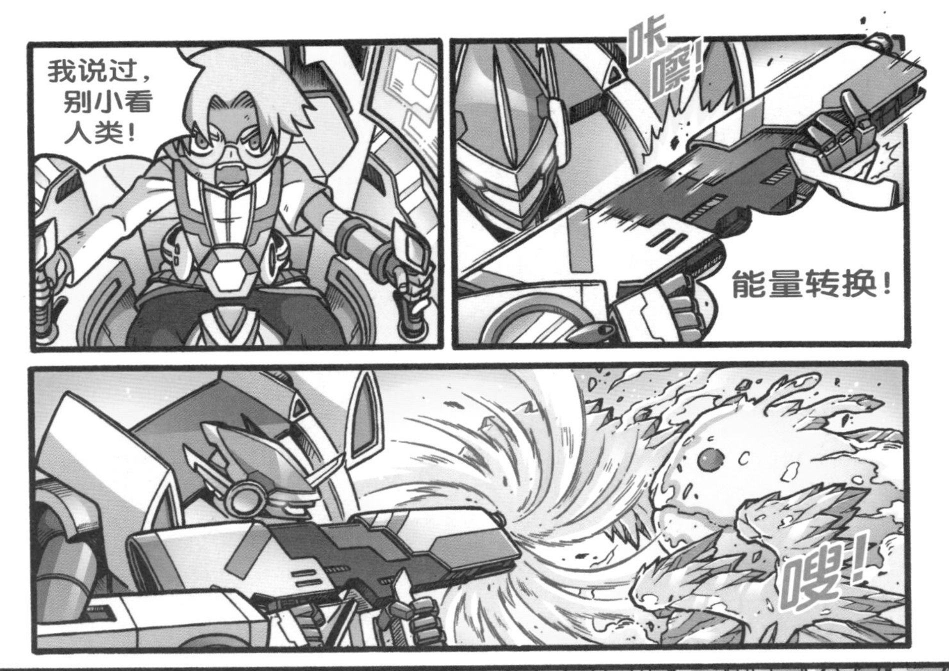
我说过，
别小看
人类！
咔嚓！
能量转换！
嗖！

疾风
龙卷炮！

隆
隆
疾速
飞翼果然
厉害！
嗞！
这么快就
解决了！
嗞！
不，
还没……

!
哗沙！
嘿嘿嘿……
咕噜
咕噜
区区冰爆弹怎么对付得了我？

嗖！
啪嚓！

砰！
砰！

没用的！

啪沙！

啪沙！
啪沙！

小尚！

嗖！

轰!!

怎么样？不如像之前一样，试试用火来攻击？

咕噜
!

太令我
失望了。

啪沙！
啪沙！

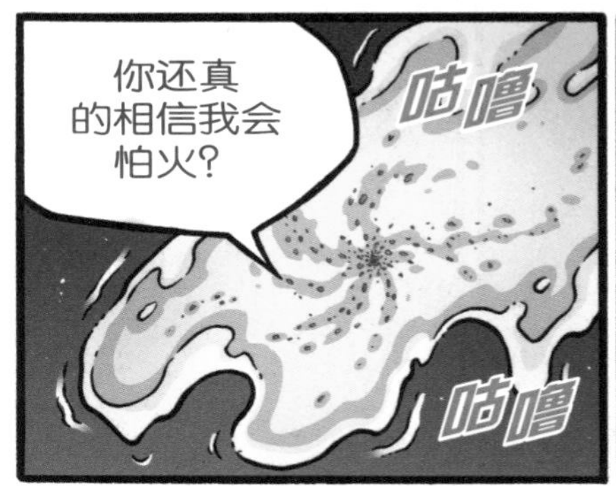

你还真
的相信我会
怕火?
咕噜
咕噜

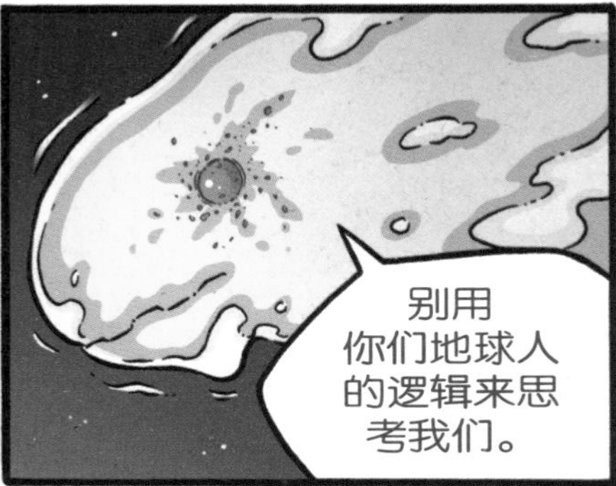

别用
你们地球人
的逻辑来思
考我们。

锵！
？

哐啷！

砰！
砰！

嘿嘿，别做无谓的抵抗了……
啪沙！
啪沙！

即使你不停地攻击我，我也不会受到任何影响！
啪沙！
啪沙！
啪沙！
艾美丽，这个时候你在干吗？
啪沙！
啪沙！
刚才我好像看到过关于它弱点的描述。

太好了，希望可以拯救爷爷和村民。
那个……茜拉，你要有心理准备。

被水灵感染
后的宿主是无
药可救的。
!

即使把体内
的水灵杀死，
宿主也会跟
着死亡。
水灵？

嗯，真正的
源头不是灵力药，
而是巫师提供
的水。
七天前

凡是喝过
那些水的人，
七天后就会被
它控制。

对了，
你说你没吃药
丸，对吧？
那你有没有
喝……

哒！哒！哒！

嚓！

各种寄生物

寄生物的种类繁多，在病毒、细菌、真菌、原生动物、昆虫、脊椎动物、植物等类别中，都有以寄生形态生存在地球上的生物。

寄生植物

寄生植物有特化的根来吸取宿主的水分和养分，可以分为茎寄生（寄生在宿主的茎上）和根寄生（寄生在宿主的根上），也可以分为全寄生（没有足够的叶绿素，不能进行光合作用，完全吸取宿主的养分和水分）和半寄生（在某种程度上能进行光合作用，但还需要吸取宿主的养分和水分）。

▲ 槲寄生属于茎寄生和半寄生的植物，呈球状，直径可达150厘米，有花朵和果实，常被用作圣诞节的装饰物和象征物。

▲ 菟丝子属于茎寄生和全寄生的植物，利用茎攀附缠绕在其他植物上，有花朵和果实，具有药用价值，功效很多。

寄生虫

寄生虫的母体会将宿主作为孵化卵的地方，以吸取宿主的养分。线虫动物门是动物界最大的门之一，目前已知的物种超过28000种，有超过一半属于寄生虫，适应能力极强，几乎存在于世界的各个角落。它们多数体形小，呈圆柱状。在人体中常见的线虫就有鞭虫、钩虫、蛔虫、蛲虫和丝虫。右图是蛔虫的生活史，感染者会营养不良，而且蛔虫会在宿主体内生活1—2年。

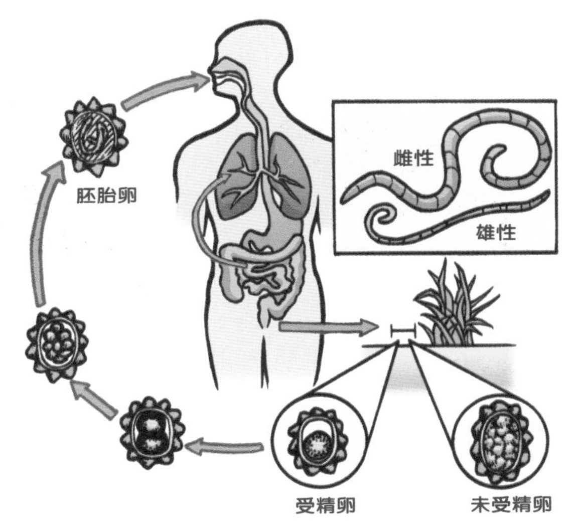

▲ 由于卫生习惯不佳，饮食不干净，人就会吃下蛔虫的胚胎卵，并在小肠里孵化，幼虫会穿过肠壁，进入血液系统，经过肝脏、肺，最后到达咽喉，再被吞下回到胃里，最后在小肠中经过一个多月成长为长15—35厘米的成虫。雌蛔虫一天可以产下20多万颗卵，并随着粪便排出。

寄生真菌

冬虫夏草是真菌寄生在昆虫体内而形成的。深秋时节，土里的真菌侵入并寄生在鳞翅目的幼虫体内，以它的身体作为养料，滋生出无数菌丝。被感染的幼虫会钻到土里度过漫长的冬天。到了春天、夏天，菌丝开始大量繁殖，并从幼虫的头部长出子座钻出地面，幼虫死亡。以下是冬虫夏草的生活史。

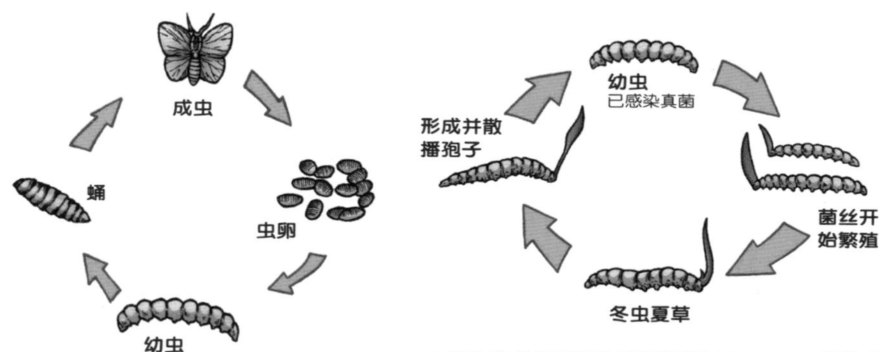

▲ 野生的冬虫夏草生长在海拔3000—5000米的高山草坡上，具有药用价值，能治疗气喘和补肾。

寄生物操控宿主

在自然界中，有的寄生物不只在宿主身上吸取营养，甚至还会操控宿主以达到自己的目的。

铁线虫和昆虫

当螳螂、蟋蟀等昆虫吃下雌铁线虫在水里产下的卵后，这些卵便会在宿主体内吸收养分迅速成长为成虫，之后操控宿主前往水源。当宿主溺死时，长约30厘米的铁线虫就会从宿主体内破体而出。

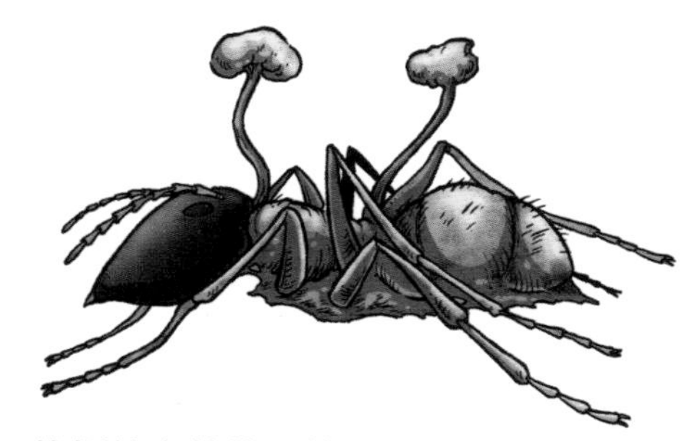

偏侧蛇虫草菌和莱氏屈背蚁（木匠蚁）

当偏侧蛇虫草菌寄生在木匠蚁体内后，会控制它们的行为，使它们偏离群体，原本生活在树冠上的它们会到树荫下去，以便体内的真菌繁殖。之后，它们会爬上树叶，用尽全力咬住叶脉，并困在树叶上慢慢死去。此后，真菌会在它们体内不断繁殖，最后破体而出，释放出孢子寄生在其他生物身上，以繁殖后代。

第8章
同归于尽……

虽然水灵以尸草花的花粉为养分……
但尸草花的种子对它们来说是致命的毒药。
如果水灵直接触碰了尸草花的种子，等着它们的……

只有死亡。
小尚，
我发现这些
种子是它们
的弱点！
!
是尸草花的
种子！
水灵！世界上
没有毫无弱点
的生物！

你的
侵略手段确
实高明！
呜……
快逃！

嗖！
嗖！
嗖！
但人类
是不会轻易
放弃的！

咔嚓！
！

啪沙！
啪沙！

啪沙！
啪沙！

看来你已经知道水灵一族的弱点了。

那我不能采用近身战了。
……

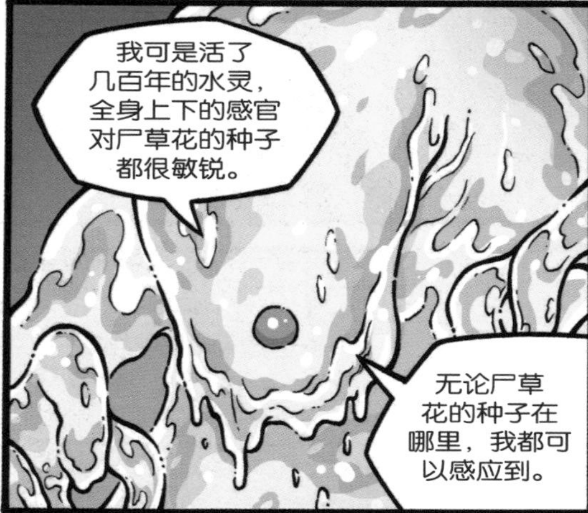
我可是活了几百年的水灵，全身上下的感官对尸草花的种子都很敏锐。
无论尸草花的种子在哪里，我都可以感应到。

想朝我
丢种子是行
不通的。
茜拉……
你克制住了水
灵的操控?

我……
不能……被
控制……
我……
还得救爷
爷……

来不及了
……

你爷爷
早就死了。

我……
我知道。
啪沙！
啪沙！

我也……
难逃一死。
难道没有
办法可以对付
它了吗？

这种子可以消灭
它，但种子一靠
近，“大水怪”
就能感应得到。
小宇！
给我……

不能吃，
你会死的！
我已经……
没有选择了……

至少让我在
最后做一件有
意义的事。

那就是……
亲手结束这一切。

爷爷……
你不应该逞
强去捉拿恶
鬼的！

既然你已经犯
了错……

就由我来纠
正吧！

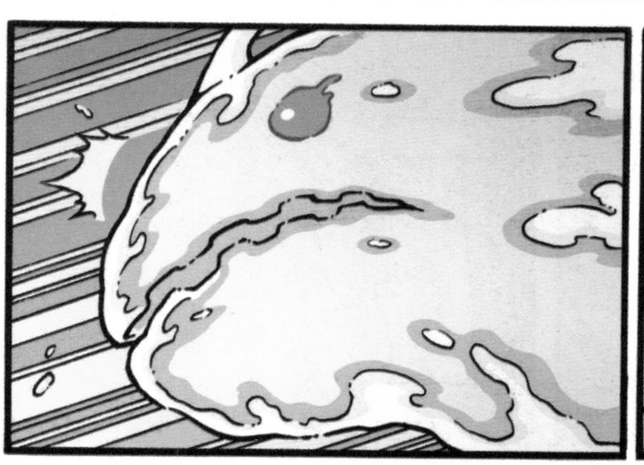

茜拉用自己的生命拯救了地球。
由于她把尸草花种子吞进了肚子里，所以水灵没有感应到。

英雄不需要先进的武器，只需要舍生取义的精神。
今天我们亲眼看到茜拉……

印证了
这句话。

疾风
龙卷……
咔嚓!!

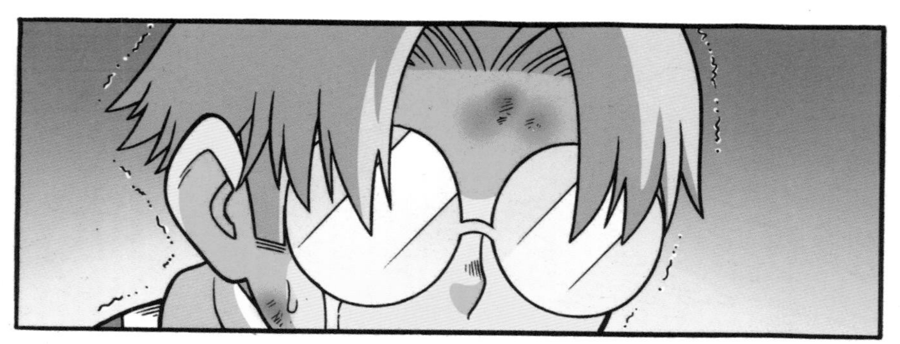

X探险特工队的任务总算结束了。

异星调查局也派了其他人前去附近的村落做善后工作。

由于知道了水灵的弱点，所以很快就完成了清理工作。

当然，结局还是一样……

无一生还。

我们的任务到底是成功了，还是失败了呢？

本来应该是我们去拯救那些村民，结果却是茜拉解决了水灵。

我很明白茜拉那种想要拯救亲人的想法，这让我想起了我的父亲……

小尚，过去的事已经无法挽回了……

我们只能
拼命地确保接
下来的任务不
会再有无辜的
牺牲者！

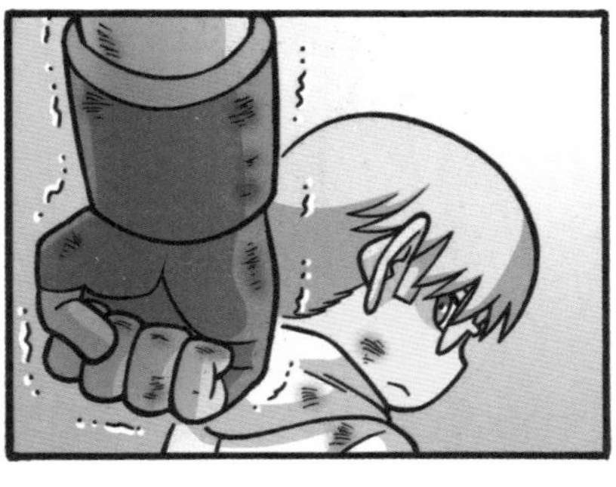

别逞强了。

叽
啊……

安娜姐，
你为什么突
然刹车？
有个
小孩站在路
中间！

寄生侵略·完

疫苗

疫苗是运用细菌和病毒等病原微生物制作，用于预防传染病的免疫制剂。疫苗被分为预防性疫苗和治疗性疫苗两种，前者会激活生物体内的抗体，从而提升对病原体的辨识和防御能力，对抗未来可能会患上的疾病。后者则是在患者患病后，刺激其免疫系统制造大量抗体来对付病原体。人类已成功研发出预防结核、水痘和肺炎等约30种疾病的疫苗。

联合疫苗

联合疫苗是联合配制的抗原，可以用来对付多种疾病，能减少婴儿接种的次数，也相对地提高了安全性，例如DTP（百日咳、白喉和破伤风，简称“百白破”）疫苗和MMR（麻疹、腮腺炎和风疹）疫苗。

新生婴儿的免疫系统尚未成熟，从出生至少年阶段，需要接受强制性的疫苗接种。疫苗将随着岁月的增加而失效，必要时应重新注射以重建和增强免疫力。

疫苗接种时间表

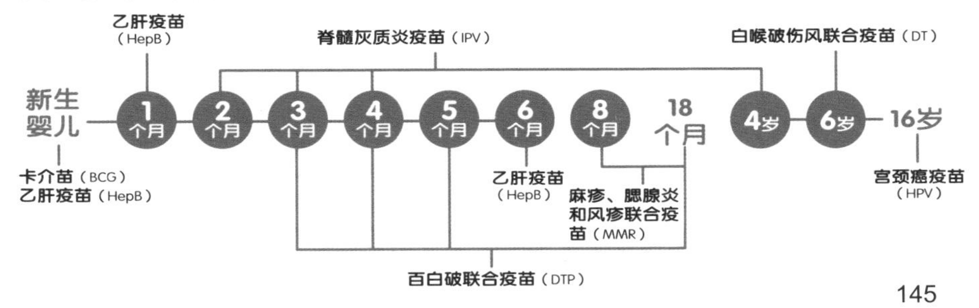

疫苗的发明者

如果一个地区的居民都接种了疫苗，就会形成群体免疫，能够有效防止大规模传染病的发生，即使当中有一个人没有注射疫苗，其感染疾病的可能性也会很低。疫苗延长了人类的平均寿命，这一切归功于它的发明者。

英国医生爱德华・詹纳

天花是一种通过空气传播的疾病，患者的死亡率很高。1796年，詹纳发现很多牛痘患者不会感染天花，牛痘与天花相似但不致死。詹纳为一个小孩接种牛痘，让其成功免疫天花。世界上第一支疫苗由此诞生。

▲ 詹纳的发明成为免疫学的基石，1980年联合国世界卫生组织（WHO）宣布天花已全面灭绝。

法国化学和微生物学家路易斯・巴斯德

巴斯德是“微生物学之父”，他发现了疾病和微生物之间的关系，并发明了狂犬病疫苗和炭疽病疫苗，后者是世界上第一个真正意义上的注射型疫苗。此外，他也发明了“巴氏杀菌法”，对食物保存方法做出了贡献。

美国医学家乔纳斯・索尔克与阿尔伯特・沙宾

1952年，美国小儿麻痹症（脊髓灰质炎）患者的数量达到顶峰，57628个病例中有3145名患者死亡和近半数患者残疾。乔纳斯・索尔克发明了脊髓灰质炎灭活疫苗（IPV），而他的竞争对手阿尔伯特・沙宾则研发了口服脊髓灰质炎病毒活疫苗（OPV），几十年来这两种疫苗成功地让小儿麻痹症近乎灭绝。

习题

习题

01

以下关于原核微生物的叙述，哪一项是正确的？（　　）

A. 它有细胞核

B. 它有遗传物质

C. 它属于高等生物

02

乳杆菌对人类来说有什么好处？（　　）

I 阻止病菌入侵

II 促进消化

III 具有免疫调节的功能

A. I与II　　B. II与III　　C. I、II与III

03

以下哪一种细菌对身体有益？（　　）

A. 长双歧杆菌　　B. 鲍曼不动杆菌　　C. 金黄色葡萄球菌

04

以下关于病毒的叙述，哪一项是错误的？（　　）

A. 它的结构简单，没有细胞结构，个体很大

B. 它会利用宿主的细胞系统来进行自我复制

C. 水痘、禽流感、艾滋病都是由病毒引起的

05

右图是哪种原生动物？（　　）

A. 眼虫

B. 草履虫

C. 变形虫

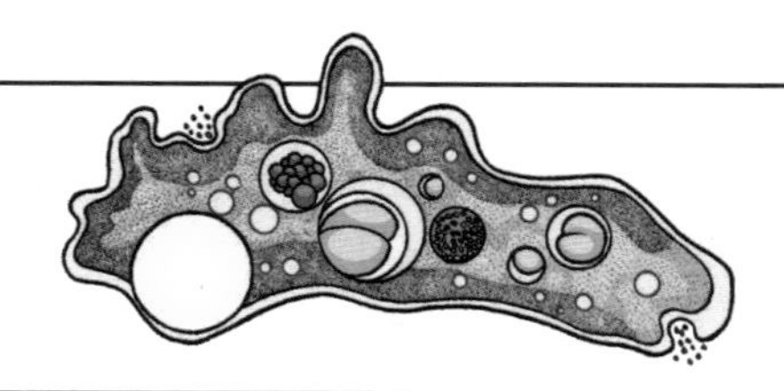

06

原生生物可以分成（　　）、原生动物类和原生菌类。

A. 草类　　B. 藻类　　C. 细胞类

07

“癣”属于哪一种程度的真菌感染？（　）

A. 皮肤感染　　B. 体表感染　　C. 皮下感染

08

寄生物对宿主做了什么？（　）

I 夺取营养

II 造成伤害

III 产生毒性和抗原物质

A. I与II　　B. II与III　　C. I、II与III

09

小丑鱼和海葵属于哪一种种间关系？（　）

A. 偏害共生　　B. 互利共生　　C. 偏利共生

10

槲寄生属于哪一种寄生植物？（　）

A. 根寄生和全寄生

B. 茎寄生和半寄生

C. 茎寄生和全寄生

11

以下关于治疗性疫苗的叙述，哪一项是错误的？（　）

A. 在患病后施打

B. 可以刺激免疫系统制造大量抗体来对付病原体

C. 可以激活体内的抗体，提升对病原体的辨识和防御能力

12

世界上第一支天花疫苗是谁发明的？（　）

A. 爱德华・詹纳　　B. 路易斯・巴斯德　　C. 阿尔伯特・沙宾

答案

01. **B**	02. **C**	03. **A**	04. **A**
05. **C**	06. **B**	07. **A**	08. **C**
09. **B**	10. **B**	11. **C**	12. **A**

答对10至12题

答对7至9题

答对4至6题

答对0至3题